CONTRIBUTION
A L'ÉTUDE DES TERRAINS JURASSIQUES
dans l'Ouest de la France

ESSAI
SUR

LA FAUNE DU CALLOVIEN
DU DÉPARTEMENT DES DEUX-SEVRES

PARTIE II

Comprenant de nouvelles observations
sur quelques Ammonites calloviennes et un Atlas de 14 Planches
avec leur explication

PAR

Paul PETITCLERC

MEMBRE DES SOCIÉTÉS GÉOLOGIQUES DE FRANCE ET DE SUISSE
D'HISTOIRE NATURELLE DE BELFORT, BESANÇON ET COLMAR (ALSACE)

VESOUL (Haute-Saône)
LIBRAIRIE ET IMPRIMERIE LOUIS BON
—
1915

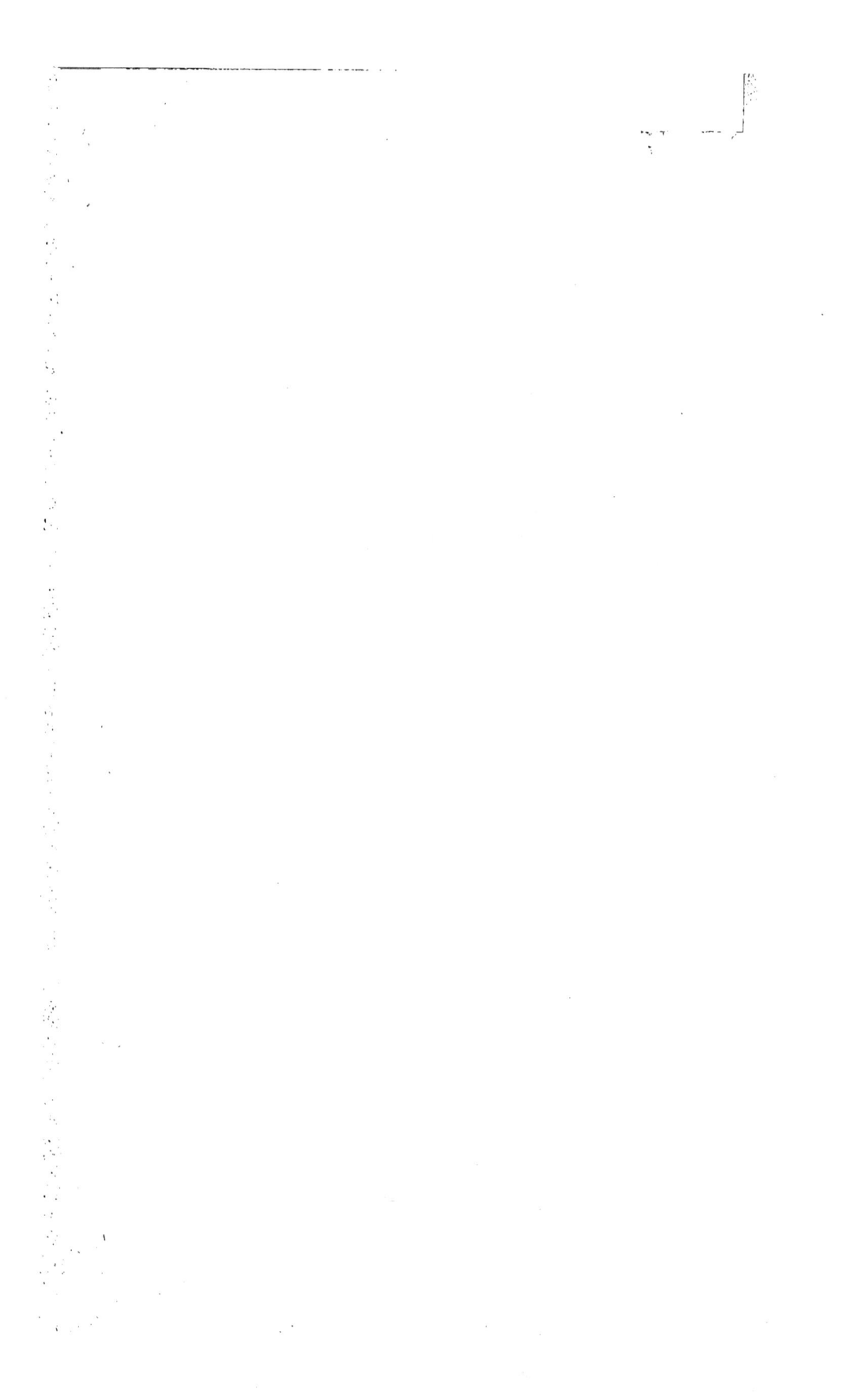

CONTRIBUTION
A L'ÉTUDE DES TERRAINS JURASSIQUES
dans l'Ouest de la France

ESSAI
SUR

LA FAUNE DU CALLOVIEN
DU DÉPARTEMENT DES DEUX-SÈVRES

PARTIE II

Comprenant de nouvelles observations
sur quelques Ammonites calloviennes et un Atlas de 14 Planches
avec leur explication

PAR

Paul PETITCLERC
MEMBRE DES SOCIÉTÉS GÉOLOGIQUES DE FRANCE ET DE SUISSE
D'HISTOIRE NATURELLE DE BELFORT, BESANÇON ET COLMAR (ALSACE)

VESOUL (HAUTE-SAÔNE)
LIBRAIRIE ET IMPRIMERIE LOUIS BON
—
1915

AVIS

Les planches qui devaient accompagner le texte ont dû être réunies à part pour des causes indépendantes de ma volonté; elles formeront la partie II de mon travail et paraîtront en même temps que le texte.

CONTRIBUTION
A L'ÉTUDE DES TERRAINS JURASSIQUES
dans l'Ouest de la France

ESSAI
SUR
LA FAUNE DU CALLOVIEN
DU DÉPARTEMENT DES DEUX-SÈVRES

PARTIE II

Comprenant de nouvelles observations
sur quelques Ammonites calloviennes et un Atlas de 14 Planches
avec leur explication

Par PAUL PETITCLERC

MEMBRE DES SOCIÉTÉS GÉOLOGIQUES DE FRANCE ET DE SUISSE
D'HISTOIRE NATURELLE DE BELFORT, BESANÇON ET COLMAR (ALSACE)

À MES LECTEURS,

Il s'est écoulé un laps de temps assez considérable entre l'impression du texte de ma Monographie et la confection des planches ; j'ai profité de cet arrêt forcé pour faire quelques nouvelles observations sur des Ammonites désignées ou non dans la partie I ; on les trouvera consignées ici.

Hecticoceras parallelum Reinecke.

Synonymie :

1818 *Ammonites parallelus* Rein. Maris protogæi Naut. et Argon., p. 67, nº 13, pl. III, fig. 31-32.

Cette très petite espèce m'a bien semblé exister dans le Callovien moyen des environs de Niort ; j'ai cru la reconnaître au milieu de nombreuses formes d'*Hecticoceras ;* mais, comme son identification est difficultueuse, à raison de l'exiguité des sujets examinés et de la pauvreté de l'ornementation, j'ai préféré ne pas en parler dans les pages précédentes.

Je dois toutefois remercier M. le Dr L. Rollier de m'avoir fait parvenir une bonne série d'échantillons d'*H. parallelum* recueillis par lui à Romanstal, en Franconie sup., localité très proche de celle qui a fourni les types de Reinecke et Quenstedt.

Cette intéressante série me servira un jour, je l'espère, à consolider mon opinion sur l'existence de la petite Ammonite dont j'ai voulu dire deux mots, avant de quitter ma plume.

NOTA. — M. L. A. Girardot, de Lons-le Saunier (Jura), a inscrit *H. parallelum* dans une de ses listes de fossiles du Callovien supérieur du Vaudioux (Billaude) Jura (Jurassique inférieur lédonien, p. 611).

Perisphinctes arcicosta Waagen.

Je reviens sur ce Périsphincte : c'est une des rares espèces du Callovien qui, de temps à autre, se présente avec ses apophyses jugales, tantôt à l'état jeune, tantôt à l'état adulte

J'en ai devant moi six échantillons dont le diamètre total est respectivement de 36, 45, 60, 65, 78, 80 ; tous, sans avoir les tours intérieurs entièrement dégagés, ont leur dernière loge pourvue, sur l'une des faces, d'une oreillette bien caractéristique.

Cette oreillette a invariablement la même forme : elle est allongée, rétrécie au début, puis relevée en avant et arrondie à l'extrémité. Quant aux ornements, ils diffèrent un peu selon l'âge des individus, mais toujours les côtes ont plus ou moins de tendance à s'arquer en arrière, d'où le qualificatif « *arcicosta* », qui lui sied parfaitement.

Cette intéressante espèce (comme bien d'autres du Callovien) ne figurait pas encore, il y a peu d'années, dans nos listes de fossiles, si ce n'est pourtant dans le Mémoire de MM. Parona et Bonarelli, paru en 1895, mais sans accompagnement de planche à l'appui de quelques lignes de texte.

C'est à la suite d'une communication de fossiles argoviens et calloviens faite, en temps opportun, par M. A. de Grossouvre, à l'Université de Lemberg, que l'on a eu la conviction que *P. arcicosta* était représenté par d'assez nombreux échantillons dans l'Ouest de la France.

Je tenais à faire connaître cette particularité qui tend à prouver, d'une façon irréfutable, que les communications et échanges d'espèces fossiles contribuent souvent à faire progresser la science.

Perisphinctes funatus (Oppel) Neumayr.

Synonymie :

1849	*Ammonites triplicatus*	Qu. Cephalopoden, p. 171, pl. XIII, fig. 7.
1857	*Ammonites funatus*	Oppel Die Juraf., p. 550. n° 12, Et. Callovien.
1871	*Perisphinctes funatus*	Neumayr. Die Cephal der Ool. v. Balin Bei Krakau, p. 40, pl. XIV. fig. 1.
1886-87	*Ammonites triplicatus*	Qu. Die Amm. Schwäb. Jura, p. 678, pl. 79. fig. 35.
1899	*Perisphinctes funatus*	Siemir. Monogr. Beschr. der Ammonit Perisphinctes, p 318, n° 325.

Comme les auteurs ne sont pas fixés sur l'opportunité d'exclure le *P. funatus* de la nomenclature des espèces appartenant aux couches à *Amm. anceps*, et que j'ignore si ce Périsphincte, sous le nom de *P. triplicatus* (qui paraît mieux le caractériser), doit être conservé, je passe légèrement sur cette forme d'Ammonite, faisant simplement remarquer que j'ai examiné dans les séries calloviennes de M. l'abbé Boone un bel échantillon, d'une parfaite conservation, dont les cloisons concordent en tout point avec celles de l'échantillon type de Quenstedt (loc. cit., pl. 79. fig. 35).

Ses dimensions sont les suivantes :

Diamètre	87 m/m
Hauteur	28 »
Epaisseur	20 »
Ombilic	35 »

J'ai constaté, non sans plaisir, qu'elles ne s'écartaient guère des mesures prises sur le sujet figuré par Quenstedt, dans Cephalopoden. pl. 13, fig. 7.

Perisphinctes obtusicosta Waagen.

M. P. Lemoine, mon honorable confrère, a figuré dans les Annales de Paléontologie, t. VI, pl VIII, sous le n° 3, un échantillon jeune de *Perisphinctes* qu'il attribue au *P. obtusicosta*.

Je n'ai pas fait mention de cette attribution dans les pages précédentes (n° 72), car cet échantillon qui provient de Maromandia (Madagascar) m'a paru un peu différent des types de Waagen ; je n'y ai vu, par exemple, aucun indice des grosses côtes tuberculeuses qui continuent à apparaître dans les tours intérieurs et caractérisent, d'après moi, cette belle espèce.

Ceci est dit, bien entendu, sans la moindre intention de contrecarrer l'opinion de M. P. Lemoine ; si ce que j'avance est faux, je me déclare prêt à revenir sur ma manière de voir et à m'en excuser, à première occasion, auprès de mon confrère dont la compétence en matière de Paléontologie des Ammonoïdés est bien connue.

Perisphinctes retrocostatus nov. sp. ? nobis.

DIMENSIONS

Diamètre................. 95 m/m
Hauteur.................. 35 »
Epaisseur............... 30 »
Ombilic................. 38 »

Sous le n° 77, et le nom de *P. prorsocostatus* Siemir., j'ai signalé une forme dont les côtes étaient arquées en avant ; cette fois, il s'agit d'une Ammonite dont la costulation présente l'effet contraire.

Sans entrer dans de longs détails, car le matériel dont je dispose n'est pas suffisant, je me contenterai pour aujourd'hui de dire que cette Ammonite a un rapport évident avec les *P. Kontkiewiczi* Siemir., et *evexus* Qu., mais se distingue aisément :

Du premier, par des tours plus convexes sur la région siphonale, plus comprimés sur les flancs ; des côtes plus arquées dès la sortie de l'ombilic, se divisant d'une façon plus irrégulière, etc. ;

Du deuxième, par des tours plus épais, un ombilic plus profond, des côtes plus inclinées en arrière, plus saillantes, etc.

Loc environs d'Aiffres : ma Collection.

Reineckeia anceps Reinecke

Je répare un oubli bien indépendant de ma volonté.

En parlant de la *R. anceps*, cette Ammonite si caractéristique de l'une des couches du Callovien, j ai omis de mentionner les dimensions de trois magnifiques exemplaires sortant des carrières de Pamproux et mesurés dans le cabinet géologique de M. A. de Grossouvre. à Crosses (Cher).

Comme les susdites carrières qui alimentaient plusieurs fours à chaux importants sont fermées ou inexploitées depuis un certain nombre d'années, les amateurs auront de la peine maintenant pour se procurer d'aussi belles pièces.

Leurs dimensions sont les suivantes :

	I	II	III
Diamètre	135 m/m	170 m/m	190 m/m
Hauteur	43 »	50 »	55 »
Epaisseur	35 »	45 »	50 »
Ombilic	63 »	90 »	100 »

Reineckeia Douvillei Steinmann, var.

Cette *Reineckeia* n'est, à mon avis, qu'une variété de l'espece dédiée à M. H. Douvillé; néanmoins, il m'a semblé bon de la signaler.

Elle en diffère :

1° Par ses tours un peu moins comprimés ;

2° Par ses côtes moins nombreuses, plus distantes, plus saillantes ;

3° Par son ombilic moins ouvert.

Loc. Prahecq, 3 ex. : ma Collection.

NOTA. — Bukowski, dans un Mémoire sur le Jura de Czenstochau, a figuré un fragment d'Ammonite qu'il a rapporté à *R. Stuebeli* Steinm. (1).

Notre variété a une certaine ressemblance avec le sujet de la Pologne russe, mais s'en distingue par une forme moins épaisse, des côtes seulement bifides, des tours intérieurs moins élevés.

Reineckeia Douvillei Steinmann, var. **Lamberti** nobis.

DIMENSIONS

Diamètre	82 m/m
Hauteur	27 »
Epaisseur	15 »
Ombilic	35 »

Bien que cette variété soit étrangère à la faune callovienne du département des Deux-Sèvres, j'ai pensé qu'elle pouvait trouver place dans cette Monographie, à raison de sa grande affinité avec la *R. Douvillei*.

Je n'en donne pas une figure, car les caractères qui la différencient de cette même espèce se laissent facilement saisir ; d'autre part, la couleur franchement noire du fossile n'en permet pas une reproduction satisfaisante.

Sa forme générale est celle de la *R. Douvillei ;* on y retrouve les mêmes tours élevés, peu épais, peu recouverts, se déroulant très lentement : le même ombilic largement ouvert et peu profond, etc. Seulement les tours sont un peu plus comprimés et la division des côtes, à l'inverse de ce qui se passe chez la *R. Douvillei*, se fait à peu de distance du pourtour externe.

Rapports et différences

Du moment où notre Ammonite ne saurait être confondue avec *R. Douvillei*, il est clair qu'elle ne peut avoir que des rapports lointains avec les autres espèces décrites précédemment.

(1) G. Bukowski, 1886 Ueber die Jurabildungen von Czenstochau in Polen, pl. XXVII (III), fig. 3.

Je crois donc avoir répondu à un besoin ayant une certaine utilité, en la séparant du type de Steinmann.

Loc. Oze (Hautes-Alpes), un échantillon calcaire offert par M. Lambert, de Veynes, avec lequel j'ai eu la bonne fortune, il y a quelques années, de parcourir plusieurs des localités classiques de la Drôme et des Hautes Alpes, pour l'étude du Berriasien, de l'Hauterivien et du Valanginien.

Je saisis cette occasion pour le remercier encore de m'avoir servi de guide, et lui dédier la variété de *Reineckeia* dont il vient d'être question.

Reineckeia Paronai nov. sp.

Lorsque j'ai décrit cette *Reineckeia*, je n'avais pas une idée suffisante de la forme de ses apophyses jugales pour l'indiquer à mes lecteurs.

Je suis en mesure aujourd'hui de compléter ce que j'ai pu en dire.

En cherchant à extraire un fossile d'un bloc que je voulais examiner à la maison, à tête reposée, j'ai pu dégager entièrement l'apophyse d'une *R. Paronai*, sans réussir toutefois à obtenir intact le sujet qui en était muni.

DIMENSIONS DU SUJET

Diamètre................. 70 $^m/_m$
Hauteur.................. 25 »
Epaisseur................ 17 »
Ombilic.................. 32 »

La languette, terminaison de la dernière loge, est assez allongée, évidée au milieu, relevée et arrondie en avant : elle borde l'ouverture de chaque côté.

Sa longueur totale est de 23 $^m/_m$, sa largeur au milieu de 4 $^m/_m$.

Comme on peut s'en rendre compte, à l'aide de la figure que je donne de cette languette, pl. IX, fig. 6, celle ci ressemble étrangement à celle du *P. arcicosta*, pl. V, fig. 1 (1).

Je ne crois pas exagérer en avançant que l'auricule de *P. Paronai*, de la pl. XII, fig. 3, devait avoir au moins 45 à 50 $^m/_m$ de longueur.

Loc. Prahecq, dans les calcaires où abonde la *Terebratula dorsoplicata* Suess. : ma Collection.

Reineckeia Stuebeli Steinmann.

Le fait de rencontrer un sujet de cette espèce avec ses auricules est chose rare ; je ne sais même pas si le cas s'est produit.

(1) Le cadre de la pl. IX n'a pas permis de faire figurer la moitié complète du dernier tour de mon échantillon ; il a été nécessaire d'en supprimer une partie.

Je possède un échantillon à peu près adulte des environs d'Aiffrès,
qui a les dimensions suivantes et dont la dernière loge se termine
par un de ces appendices si fragiles. J'aurais tenu à en donner une
figure pour combler une lacune dans ma diagnose, seulement mon
échantillon ne montre qu'une portion de l'auricule.

Diamètre	82	m/m
Hauteur	27	»
Epaisseur	20	»
Ombilic	37	»

Je n'ai rien de particulier à signaler à propos de la dernière loge,
si ce n'est qu'une constriction flexueuse, peu large et peu profonde
(précédée elle-même d'une côte bifide) forme l'extrémité de la loge
qui se prolonge en une languette dont les contours ne me sont pas
connus.

Stepheoceras Ajax d'Orb.

En relisant plus attentivement l'étude de Robert Douvillé sur
les *Cardiocératidés* de Dives, Villers-sur-Mer, etc., p. 30 (Mémoires
de la Société géologique de France, t. xix, fasc. 2, année 1912), je me
suis aperçu qu'il recommandait de ne pas adopter le nom d'*Ajax*
pour l'espèce non figurée par d'Orbigny dans son Prodrome. (Etage
Callovien, p. 331, n° 49).

Ce nom d'*Ajax* (1) a déjà été donné, paraît-il, par Schlönbach, en
1865-66, à une espèce toute différente (2). Il faudrait donc regarder
Steph. Ajax comme une variété à large ombilic de *Steph. coronatum*
Brug. ?

Ces deux formes ont été figurées, avec assez de soin, dans l'étude
de R. Douvillé, p. 30 et 31, fig. 21-24.

Stepheoceras Banksii Sowerby.

Synonymie :

1818	*Ammonites Banksii*	Sow. Min. Conch., vol. II, p. 229, pl. cc.
1842-49	— —	d'Orb., Paléont. f^{aise}, Terr. jurass., t. I, pl. 168, fig. 2-5.
1850	— —	d'Orb., Prodrome, vol. I, p. 331, n° 50, Et. Callovien.

(1) Nom de deux héros grecs qui allèrent au siège de Troie.
(2) Schlönbach (U). Beitr. z. Palaont. d. Jura-und Kreide-Form. im Nordwert.
Deutschland. Palæontographica, xiii.

1912 *Stepheoceras Banksii* R. Douvillé. Et. sur les *Cardiocé-ratidés* de Dives, Villers-sur-Mer, etc., p. 32, fig. 25-26, puis 29-31 p. les cloisons (Mém. de la Soc. géol. de France, t. xix, fasc. ii).

J'avais omis d'indiquer cette Ammonite dans ma nomenclature, car je l'avais toujours considérée comme étant le jeune de *Stepheoceras coronatum*, plus ou moins comprimé ; je vois, dans l'étude de R. Douvillé, qu'il a parfaitement admis l'existence de cette espèce dont la forme est caractérisée par des tours très surbaissés à tous les âges, aussi je m'empresse d'en faire état et de l'ajouter à ma liste de fossiles.

Loc. Saint-Florent et la Tiffardière, plusieurs éch., au Musée de Niort ; Niort (citation de d'Orbigny). N'existe pas à Prahecq, mais a été rencontrée à Mamers (Sarthe), et à Nevers (Nièvre), etc., où je l'ai recueillie, en compagnie de magnifiques individus adultes de *Stepheoceras coronatum* ; puis à Valfin-sur-Valouze (Jura), dans des couches calcaires très riches en *Hecticoceras punctatum*, etc.

Terebratula dorsoplicata var. **excavata** E. E. Deslongchamps.

Synonymie :

1859 *Terebratula dorsoplicata* var. *excavata* E. E. Desl. Mém. sur les Brach. du Kelloway. Roch., p. 22, pl. ii, fig. 3-5 (Extr. du t. xi des Mém. de la Soc. Linn. de Normandie).

N'ayant pas recueilli cette variété de Térébratule dans les environs de Niort, je me vois encore obligé de recourir au Mémoire de E. E. Deslongchamps pour expliquer en quoi elle diffère de *T. dorso-plicata* type.

« Coquille à peu près aussi longue que large, subtriangulaire, très « renflée, entièrement lisse. Grande valve montrant, à la région « frontale, une surface très légèrement convexe se terminant de « chaque côté, par un sillon peu profond, auquel succède un bour-« relet assez marqué. Crochet arrondi, renflé, percé d'un foramen « médiocre, circulaire. Petite valve montrant, à la région frontale, « deux gros plis latéraux, obtus, entièrement rejetés et prolongés « sur les côtés en deux espèces de pointes assez aigües, limitant un « sinus très large, évasé, plus ou moins profond ; les deux valves

« brusquement repliées sur les côtés et formant par leur réunion une
« sorte de surface plane, prolongée jusqu'à l'extrémité des gros plis
« frontaux. »

Loc. Cette variété est assez rare ; on l'a observée à Pas-de-Jeu :
Coll. A. de Grossouvre ; à Montreuil-Bellay (Maine et-Loire) et à
Darois (Côte-d'Or).

EXPLICATION

DES PLANCHES

de I à XII

PLANCHE

I

Explieation de la Planehe 1 [1]

(1) A moins d'indication contraire, tous les fossiles des Planches de 1 à 12 sont représentés de grandeur naturelle, ou peu s'en faut. Toutefois, les dimensions indiquées pour certains sujets pourront varier de quelques millimètres, car les tours présentent souvent des défectuosités d'où résultent (dans la mensuration) des erreurs regrettables, mais bien involontaires.

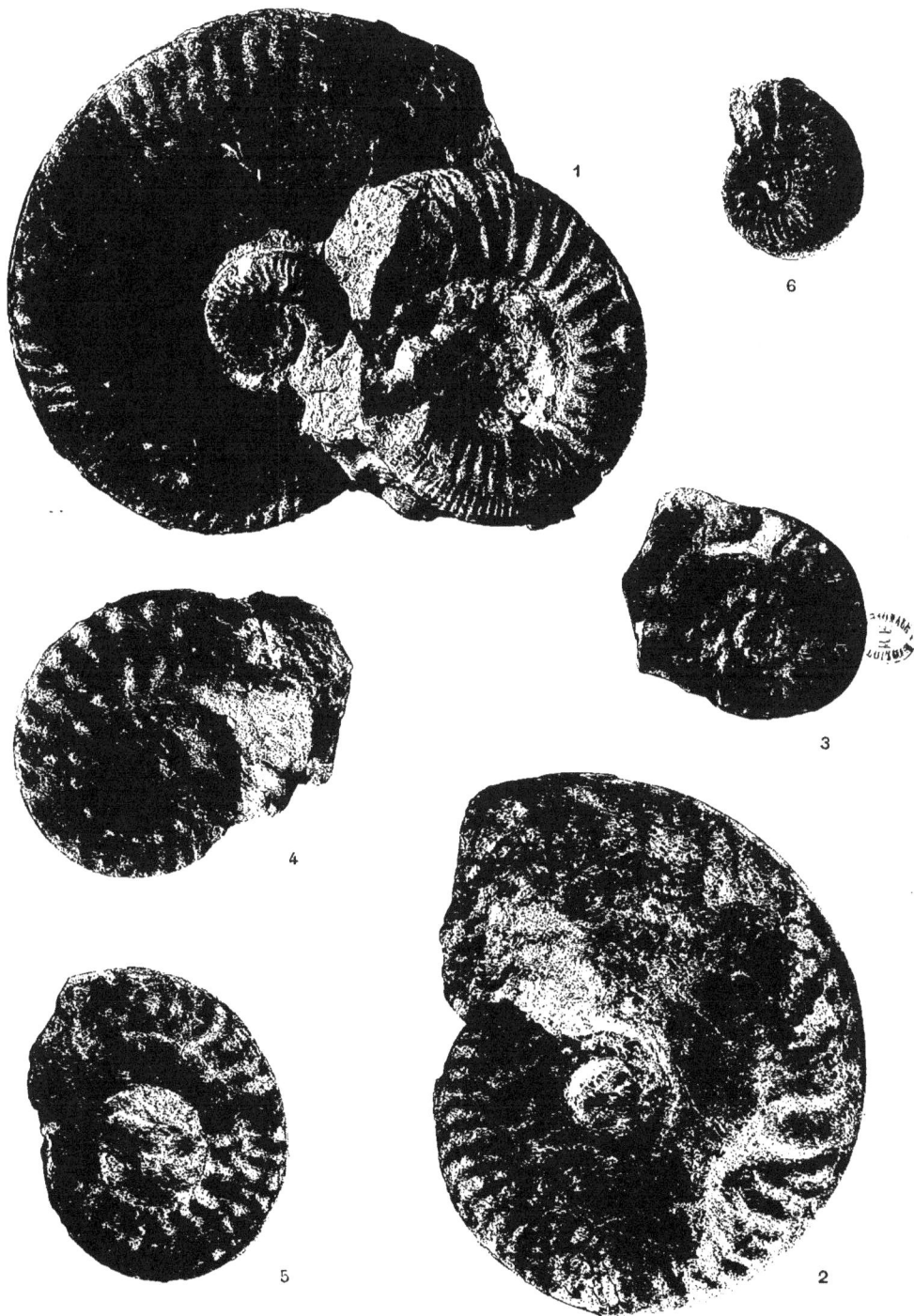

PLANCHE

II

Explication de la Planche II

1

2

5

3

6

4

7

Explication de la Planche III

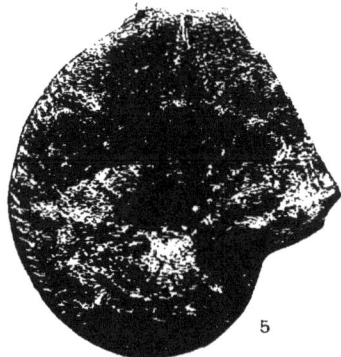

PLANCHE

IV

Explication de la Planche IV

J'ai tenu à figurer cette jolie espèce d'*Oppelia* pour les personnes qui ne font pas partie de la Société géologique de France ou qui ne possèdent pas le Bulletin.

PLANCHE

V

Explication de la Planche V

Bon exemplaire dont la costulation est assez sobre, mais faisant voir la dernière loge et l'une des apophyses jugales ; il remplace l'échantillon qui avait servi à établir les caractères de ce Périsphincte, le dit échantillon ayant été brisé et rendu inutilisable.

Il y aura donc lieu (par suite de cet accident) de ne pas prendre à la lettre ce qui a été dit à son endroit.

Loc. Prahecq, ma Collection.

Sujet incomplet, mais remarquable par ses très grosses côtes internes et ses constrictions profondes.

Mêmes localité et Collection.

Dans sa Monographie des Périsphinctes, M. Siemiradzki a regardé *P. submutatus* comme étant synonyme de *P. Comptoni* Pratt ; j'ai préféré rapporter au premier l'individu d'Aiffres dont il a été parlé à la page 68, pour les raisons suivantes :

1º Mon échantillon a une forme plus épaisse que ceux qui portent le nom de *P. Comptoni*, dans les différents ouvrages mis à ma disposition :

2º Il a les tours singulièrement plus recouverts :

3º Les côtes plus fortes et plus saillantes ;

4º La section des tours plus ovale :

5º Des nœuds paraboliques sur le pourtour externe plus apparents ;

6º Il a enfin une grande analogie avec le type de Chanaz, qui me parait devoir être séparé de *P. Comptoni*, à cause de l'épaisseur de la coquille, etc.

Jusqu'à plus amples information et étude comparative, je lui laisserai le nom de *P. submutatus*.

Le type de MM. Parona et Bonarelli est pourvu de sa

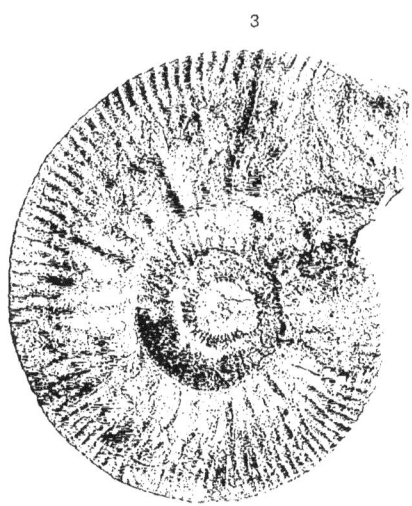

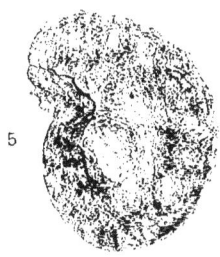

PLANCHE

VI

Explieation de la Planche VI

|---------|---------|---|-------|

1   85   *Perisphinctes subrjäsanensis* nov. sp., nobis....... **83**
Très bel échantillon de Chey, un peu agrandi, de la Collection Boone.

2   105   *Reineckeia Stuebeli* Steinmann.................... 101
Sujet un peu déformé.
Loc. Prahecq, ma Collection.

3   64   *Perisphinctes cheyensis* nov. sp., nobis............ 66
Cette Ammonite, bien complète, se fait remarquer par ses tours un peu moins recouverts que ceux de la variété suivante, par l'étranglement très profond que l'on aperçoit sur le tiers avant de la coquille, et surtout par son oreillette buccale très large, au lieu d'être disposée en spatule.
Loc. Chey, de la Collection Boone.

4   65   *Perisphinctes cheyensis* var. *Siemiradzkii* nobis.... 67
Magnifique échantillon, avec une de ses apophyses, en forme de spatule.
Loc. Prahecq. même Collection.

5   105bis *Reineckeia Stuebeli* Steinmann.................... 101
Individu à côtes très saillantes et possédant sa dernière loge.
Mêmes localité et Collection.

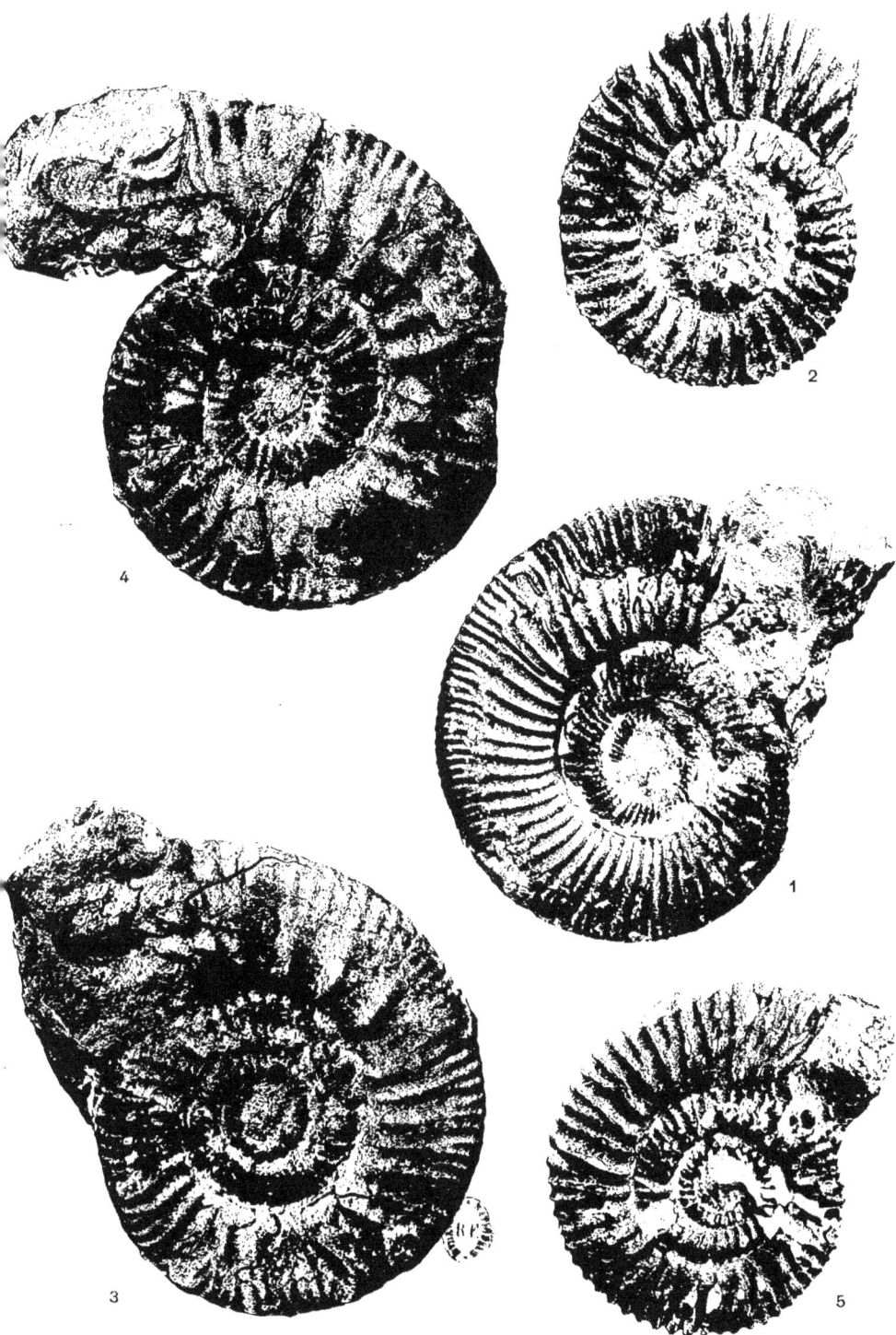

PLANCHE

VII

Explication de la Planche VII

Pl. VII

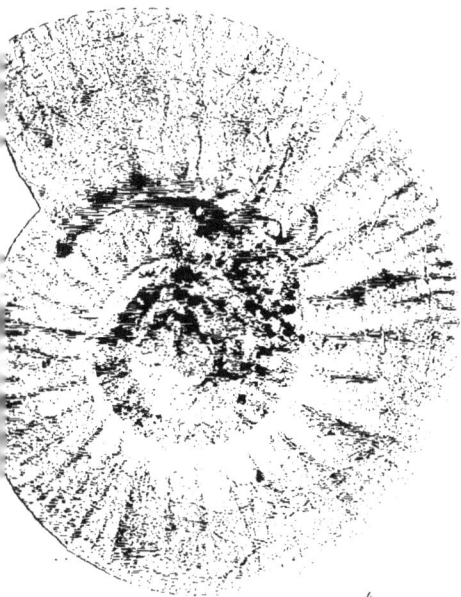

5

2

4

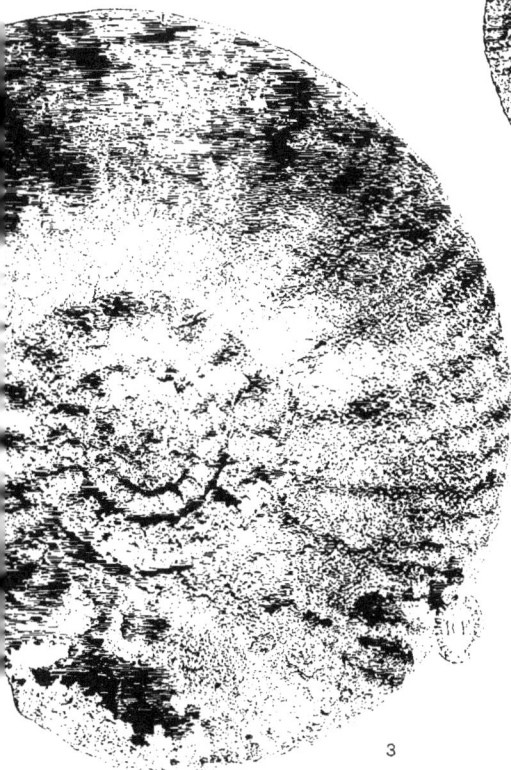

3

1

Explieation de la Planehe VIII

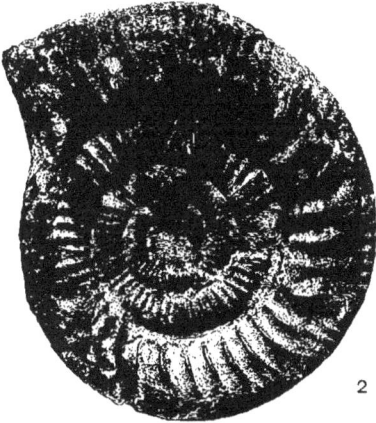

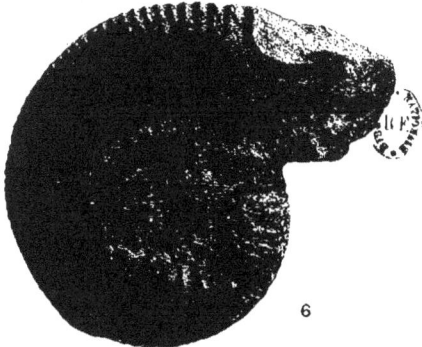

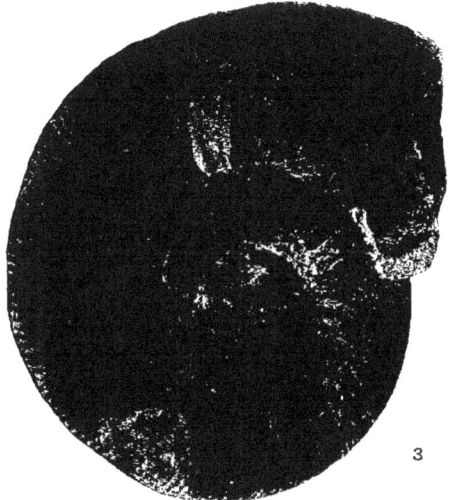

PLANCHE

IX

Explication de la Planche IX

NOTA. — Pour mieux se rendre compte des caractères qui différencient *R. Paronai* de *R. Douvillei*, se reporter à la fig. 3, pl. XII.

1

2

3

4

5

6

PLANCHE

X

Explieation de la Planehe X

1

3

5

4

2

PLANCHE

XI

Explieation de la Planche XI

Pl. XI

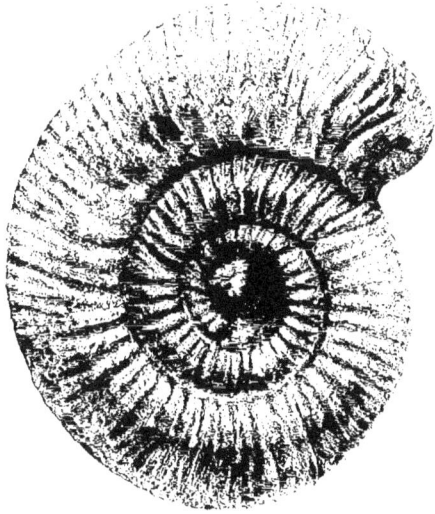

2

4

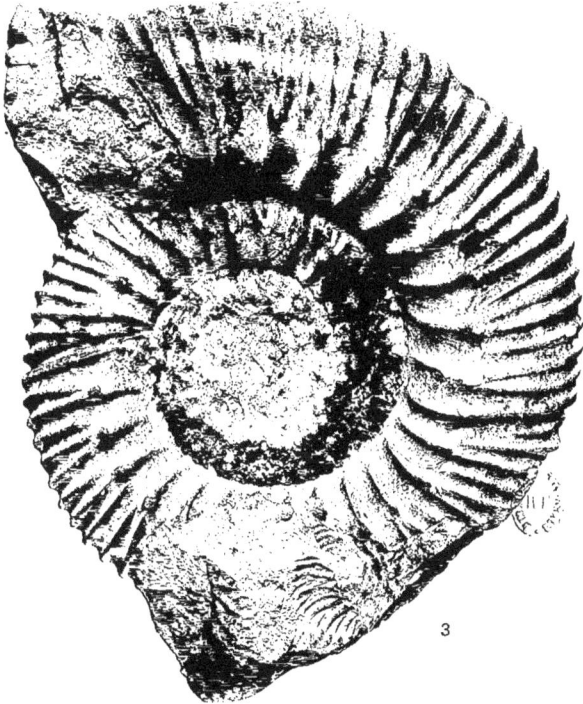

3

1

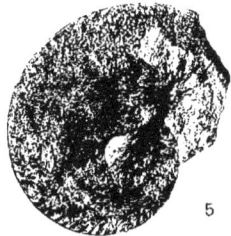

5

Clichés P. Petitclerc.

PLANCHE

XII

Explication de la Planche XII

(1) J'aurais certainement préféré donner la figure de mon sujet type qui concorde mieux avec celle de d'Orbigny, mais (je l'ai annoncé plus haut) plusieurs de mes meilleurs échantillons ne me sont pas revenus d'outre Rhin.

2

5

1

3

4

EXPLICATION

DES PLANCHES

XIII et XIV

Offrant la Section de l'extrémité

du dernier tour

DE QUELQUES AMMONITES CALLOVIENNES

des Deux-Sèvres

Partie II (Planches)

L'auteur fait remarquer que les figures des Planches xiii et xiv ont été réduites *à tort* par la personne chargée de les reproduire ; il s'ensuit que les dimensions de l'ouverture des sujets ne correspondent plus exactement avec celles indiquées dans le texte (Partie I).

PLANCHE

XIII

Explication de la Planche XIII

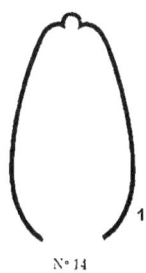

N° 14

1

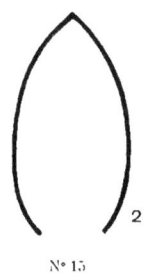

N° 15

2

N° 33

4

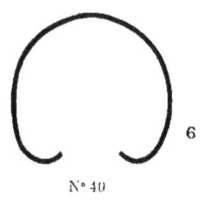

N° 40

6

N° 20

5

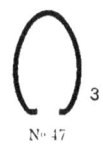

N° 47

3

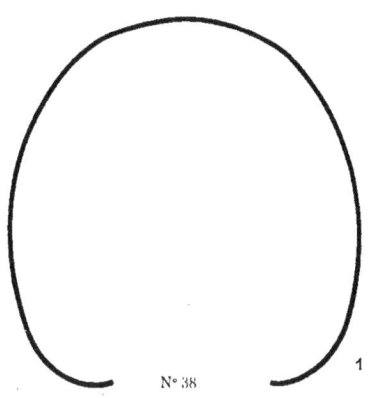

N° 38

1

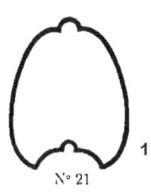

N° 21

1

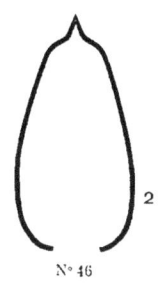

N° 46

2

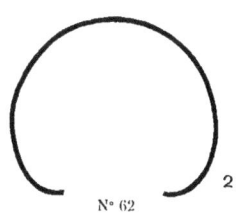

N° 62

2

N° 19

4

N° 50

1

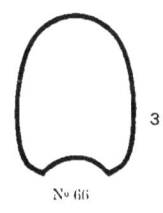

N° 66

3

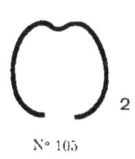

N° 105

2

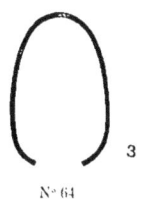

N° 64

3

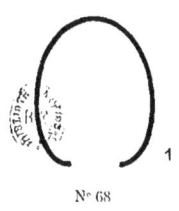

N° 68

1

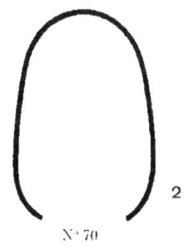

N° 70

2

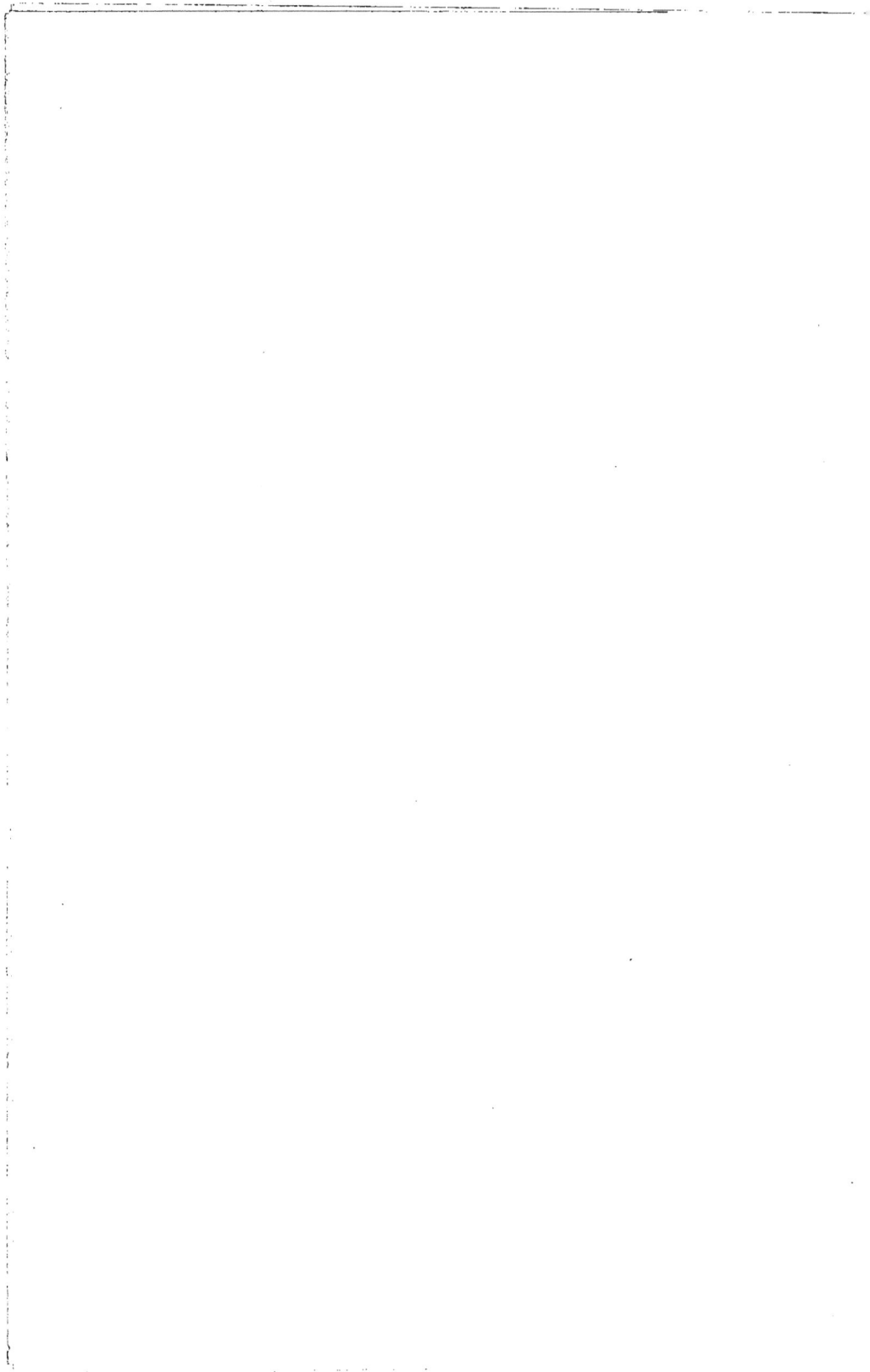

PLANCHE

XIV

Explication de la Planche XIV

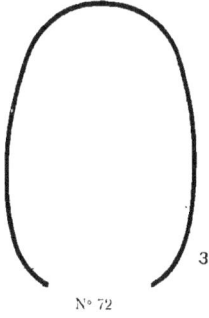

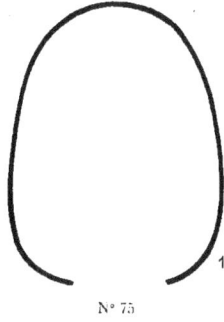

N° 72
3

N° 81
4

N° 75
1

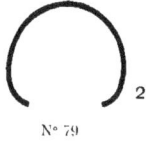

N° 79
2

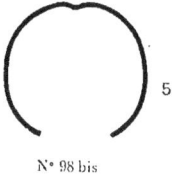

N° 98 bis
5

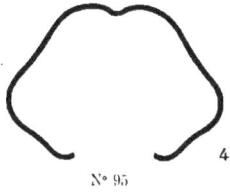

N° 95
4

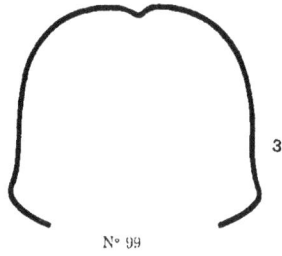

N° 99
3

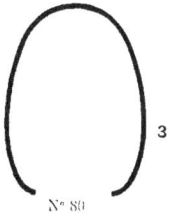

N° 80
3

N° 82
5

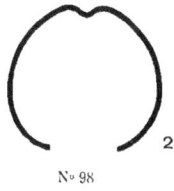

N° 98
2

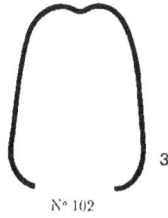

N° 102
3

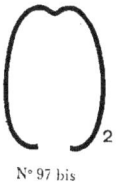

N° 97 bis
2

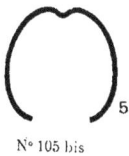

N° 105 bis
5

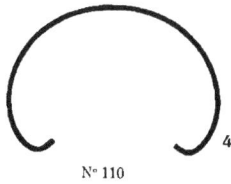

N° 110
4

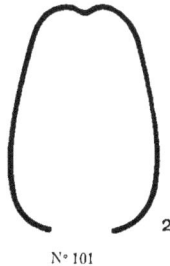

N° 101
2

Phototypie Berthaud, Paris.

Rectifications et Additions

POUR LA PARTIE I (Texte)

Au dos de la couverture de la brochure, retrancher : et environs de Niort.

Page 19, ligne 14 d'en bas, lire : Epaisseur 37 $^{m}/_{m}$, prise à la hauteur de l'ombilic et 55 $^{m}/_{m}$, près de l'ouverture.

Page 22 (et toutes autres, s'il y a lieu), ligne 3 d'en bas, lire : côtes falciformes.

Page 35, ligne 20 d'en haut, lire : phototypiste.

Page 36, ligne 19 d'en haut, lire : *Hect. sœvum*.

Page 47, entre les lignes 1 et 2, ajouter : Pl. IV, fig. 7.

Page 48, ligne 14 d'en haut, lire : Comme on le verra plus haut.

Page 50, ligne 16 d'en haut, lire : Pl. III, fig. 4-5 : Pl. XI, fig. 5.

Page 53, ligne 14 d'en bas, lire : Ombilic 13 $^{m}/_{m}$ intérieurement et 16 $^{m}/_{m}$ extérieurement.

Page 54, rectifier comme suit les dimensions de *Oppelia Greppini* :
Diamètre 66 $^{m}/_{m}$. — Hauteur 36 $^{m}/_{m}$. — Epaisseur 13 $^{m}/_{m}$ sur la ligne spirale. — Ombilic 8 $^{m}/_{m}$ environ.

Page 56, ligne 16 d'en haut, lire : Epaisseur 37 $^{m}/_{m}$ au milieu de la moitié du dernier tour, et 43 $^{m}/_{m}$ près de la dernière loge, mais à 50 $^{m}/_{m}$ en arrière.

Page 66, ligne 12 d'en bas, lire : groupées par faisceaux.

Page 73, ligne 10 d'en haut, lire : *Perisphinctes* cf. *Orion*.

Page 79, supprimer le : Nota.

Page 89, ligne 16 d'en haut et suivantes, lire : *Phylloceras lajouxense*.

Page 94, ligne 17 d'en haut, supprimer : Pl. VIII, fig. 5.

Page 99, rectifier ainsi le renvoi (1) :

En examinant, etc., il nous a semblé que la *Reineckeia*, inscrite sous le n° 102, était certainement différente de *R. Douvillei* et devait en être distraite ; etc.

Page 101, ligne 2 d'en haut, ajouter : Fig. 5 à la pl. X.

Page 106, rectifier ainsi les dimensions de *Stephceoceras Ajax* :

PAMPROUX

	1 (forme normale)	11 (variété)
Diamètre........	75 $^{m}/_{m}$	80 $^{m}/_{m}$
Hauteur.........	31 »	33 » environ.
Epaisseur........	34 »	27 »
Ombilic.........	20 »	29 »

Page 125, ligne 5 d'en bas, retrancher : Berlin.

Page 133, ligne 2 d'en haut, lire : quatre formes d'Ammonites. etc.

Page 136, ligne 3 d'en bas, lire : *S. microstoma* .

Page 141, ligne 10 d'en bas, lire : *Hecticoceras hecticum* (Rein.) var. *boginense.*

Page 142, ligne 7 d'en haut, lire : *Hecticoceras prahecquense.*

Page 143, ligne 7 d'en haut, lire : *Peltoceras subannulare.*

Même page, lire :

N° 92, *Phylloceras lajouxense.*

N° 110, *Sphœroceras prahecquense.*

N° 114, *Ancyloceras calloviense.*

N° 116, *Ancyloceras niortense.*

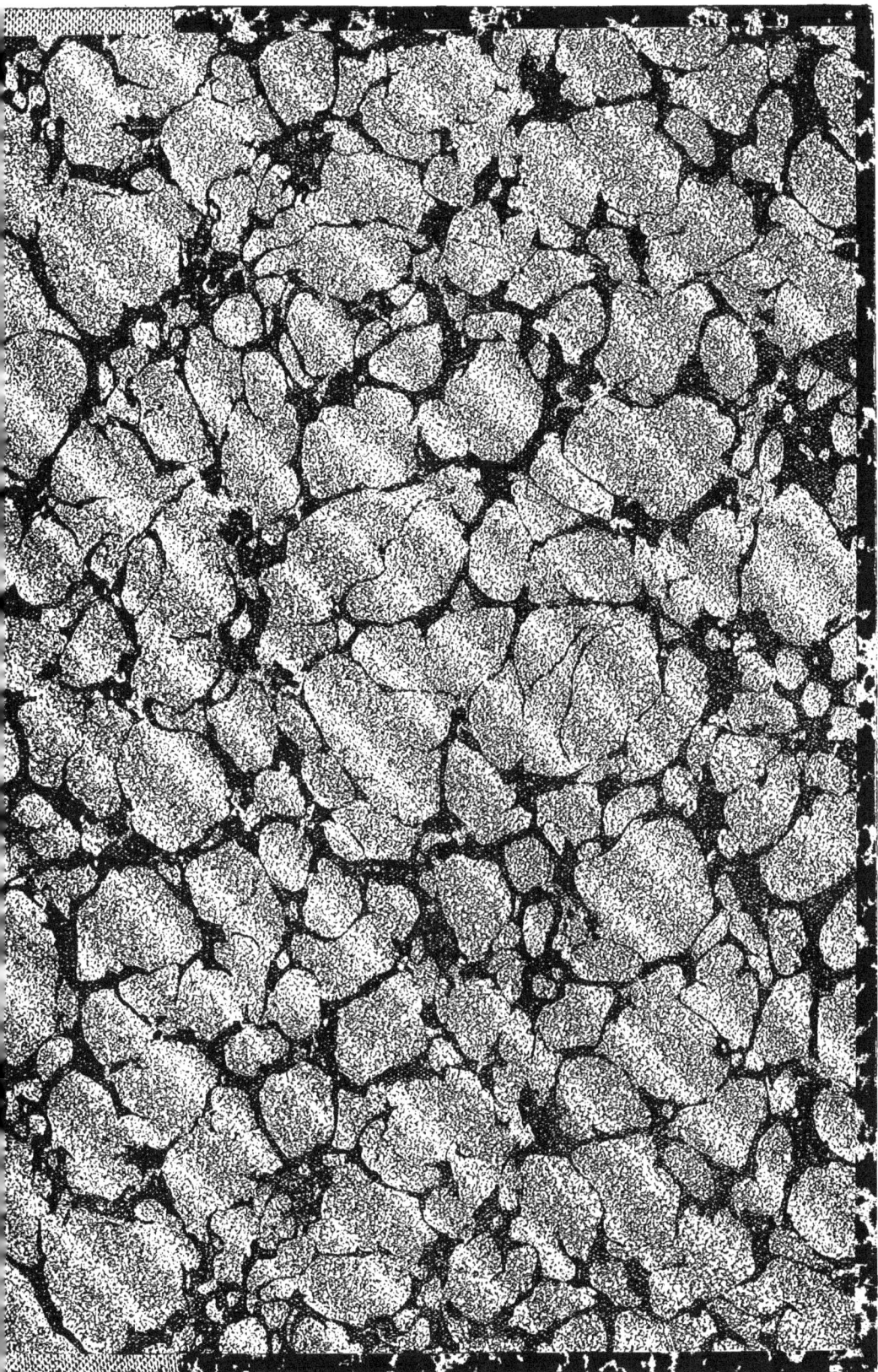